電子工業出版社
Publishing House of Electronics Industry
北京 · BEIJING

图书在版编目（CIP）数据

黄洞洞超级懂：超有趣的科学探索之旅. 第二辑. 救命！又掉进洞里啦：地下世界 / 洋洋兔著、绘. 北京：电子工业出版社，2024. 9. -- ISBN 978-7-121-48692-0

Ⅰ. N49；P9-49

中国国家版本馆CIP数据核字第2024ZC6208号

责任编辑：肖　雪　　季　萌
印　　刷：北京瑞禾彩色印刷有限公司
装　　订：北京瑞禾彩色印刷有限公司
出版发行：电子工业出版社
　　　　　北京市海淀区万寿路173信箱　邮编：100036
开　　本：889×1194　1/16　印张：16.5　字数：139.5千字
版　　次：2024年9月第1版
印　　次：2025年2月第2次印刷
定　　价：138.00元（全6册）

凡所购买电子工业出版社图书有缺损问题，请向购买书店调换。若书店售缺，请与本社发行部联系，联系及邮购电话：（010）88254888，88258888。

质量投诉请发邮件至zlts@phei.com.cn，盗版侵权举报请发邮件至dbqq@phei.com.cn。

本书咨询联系方式：（010）88254161转1860，xiaox@phei.com.cn。

黄洞洞

勇敢、乐观、喜欢冒险的小奶酪。没有时间观念，所以总是迟到。

汉堡大法师

好吃部落的大总管，无所不知的魔法老师。

卡卡

好吃班里的“智多星”，虽然样貌普通，但脑子聪明，总有数不清的主意。

冰激凌三兄弟

也是话痨三兄弟，老大呼是个急性子，喜欢快跑，所以总是把老三啦啦啦甩飞。

里卡多

乐于助人的小汉堡，但总是帮倒忙。

鼹鼠一家

从远方搬到好吃部落的鼹鼠一家。他们热情好客，喜欢邀请邻居来自己家玩。

好吃部落最近新搬来了鼹鼠一家。听说这家人热情好客、懂礼貌，这让好吃部落的村民们充满好奇……

最近，鼹鼠一家搬到好吃部落定居。
欢迎你们到好吃部落定居。

coffee

几天后，热情的同学们悄悄带上礼物，打算去给新邻居一个惊喜。

鼹鼠一家可真奇怪，没人知道他们住在哪里，但这并不影响同学们的热情。
到底哪个才是他们家的入户门呢？
好像就是这里！
鼹鼠家的豪宅呢？

?
鼹鼠先生，我们在这里呢！
危险！别跳啊！

突然，地下传来“轰隆”一声。激动的同学们被突然出现的大坑吞食了！
轰隆

这是谁的腿！
快从我头上拿
下去！
谁压住了
我的手！
哎哟，我快被
压成照片了！

欢迎你们来到我们家的客厅。
对……对不起！
呀，鼹鼠家的豪宅原来在地下呀！

鼹鼠先生很好客，热情地带着大家参观起了他的地下豪宅。
餐厅
太阳把地面晒得滚烫，我们的身体可承受不了。不管是白天还是黑夜，地下都很凉爽、湿润。这里可舒服啦！
鼹鼠先生，你们为什么要住在地下呀？
洗手间

卧室
儿童房
而且地下的物资十分丰富。你们看，我的桌子可是用百年老树的根做成的。地下还有花生、土豆等美食供我们选择。
储藏室
健身房
前面就是我们家的粮仓了！
注：鼹鼠主要以昆虫为食，也会吃植物位于地下的块茎和块根。

鼹鼠先生家的粮仓，简直就是个美食天堂！
这是蚯蚓卷，
这是蜗牛干。
小伙伴们刚想挨个品尝一下这些美食。突然又传来了“轰隆”的声音……
轰隆——

原来是冰激凌三兄弟，他们正在散步的时候一不小心掉了下来。
咚！
冰激凌三兄弟也加入了参观团。
太可怕了，我以为发生地震了。
保持冷静！
这里是鼹鼠先生的家。

鼹鼠家的地道真是四通八达。地道口常常会探出一些“小脑袋”，好奇地看着这群奇怪的客人。
快看，原来在地下也有虫子家族。
是啊，嘿嘿！
因为洞穴正上方是一片柔软的菜地，虫子家族很喜欢在菜地下面安家，这样他们时不时地就能爬上去偷吃几口菜叶子。
原来大法师的菜园子就是这样被吃光的啊！
哈哈哈哈。

地下世界可真奇妙啊，鼹鼠家还有许多邻居。这不，他们无意中走到了蜣螂的家里。
注：蜣螂，俗称屎壳郎。
哇！这是什么味道？
好臭！
别瞎猜了，前面是蜣螂茉莉的家。她的家里堆满了粪球！
有股大粪的味道，难道……

注：蜣螂在粪球上产卵，其幼虫吃粪便长大。

在即将路过一个洞口的时候，鼹鼠先生突然变得很紧张，因为那里可是黑脊蛇的家……
嘘！千万别出声，前面是黑脊蛇的家。
呼噜呼噜……
哗啦——
要是把他吵醒了，咱们一定会被暴打一顿的！
啪嗒！
!!
谁！是谁挖坑陷害我？
你们怎么在这里？

快跑啊！
你把黑脊蛇吵醒了，快跑！

喂！别跑啊！我只是
想和你们打个招呼！
停！停！大
家快停下！
哎哟！

哎哟！
原来大家跑进了刺猬的家里。
这是刺猬憨憨，他白天喜欢睡大觉，黄昏后才出去活动。
嘿嘿，我最喜欢吃白蚁、蘑菇还有大西瓜了！
你们要不要尝尝？
这个……还是算了！
谢谢了，憨憨。我们还要去别的地方参观呢！

接着，鼹鼠先生给了他们每人一副隐形眼镜。
戴上隐形眼镜，大家可以看到土里的全貌。
住在上面的是狐狸和獾。
隐

他们来到了蚂蚁家族的地盘。

蚂蚁家族内部有着非常严格的秩序和规则。
哇，这里好像一个迷宫！
在这里真的很容易迷路呢！
蚂蚁真是非常出色的建筑大师。

啊！
刚刚告别蚂蚁的家，“轰隆”的声音又出现了。于是，西瓜汁小七也加入了参观小分队。
这么一来，我们好吃班的人就齐了！

参观小分队继续往前走。
他们来到了蜥蜴和野兔家。
蜥蜴和野兔可都是挖洞高手。
好像没啥味道，不好吃！
草是兔子的最爱！
哇！
蜥蜴同学以昆虫为食。有的蜥蜴还能吞下一只老鼠。
注：蜥蜴的奔跑速度很快，最快可达 25 千米 / 时。

真是奇怪，为什么我们在地下一点儿也不觉得闷呢？
难道咱们有特异功能？
这可都是虫子们的功劳。虫子们平时打洞的时候会留下通道，这些通道能让空气和水进入土壤。
蜈蚣
甲虫蛹
千足虫
六月鳃角金龟的卵
你们看到了吗？地下还是很多昆虫的育婴室。
蚯蚓

蚂蚁的茧
蚂蚁
蘑菇
金龟甲的幼虫
黑脊蛇
蜗牛
?
蚂蚁

有些在地面上活动的动物，也会钻到
地下休息。
翠鸟
穿山甲
袋熊

鸭嘴兽
有些水中生活的动物也会在岸边挖洞做窝。

感觉到潮湿的空气了吗？我们已经到河边啦！
哇，青蛙！

哇，地下世界真是太奇妙了。
那当然了，别看地下世界没有阳光，但这里住着天上飞的、地上跑的、水里游的各种各样的动物。
好了，现在天应该黑了。我们鼹鼠家族该出去饱餐一顿了。我挖个洞送大家出去。
我还没有逛够呢！

我们下次再
继续参观吧！

木板？
不会啊，应该到地面了！
ZZZ
真奇怪！

看我掘地神功！
!!
等灰尘散去，大家才看清楚，这次掉下来的居然是大！法！师！
黄洞洞，你给我解释下，这是怎么回事？
不，不是我……这次真的不是我！

原来，好吃部落的地下已经被鼹鼠一家挖得全是洞。村民们经常掉下去，苦不堪言。
救命！

卡住了!
救命!
救命!
救命!

忍无可忍的大法师终于把鼹鼠一家赶出了好吃部落……
再见！欢迎来做客，但是安家……就算啦。

这可是全球旅行套票，请你们拿好！
那个叫非利索斯的地方有吃不完的蚯蚓！
真的吗？
再见……
我们会想念你们的！

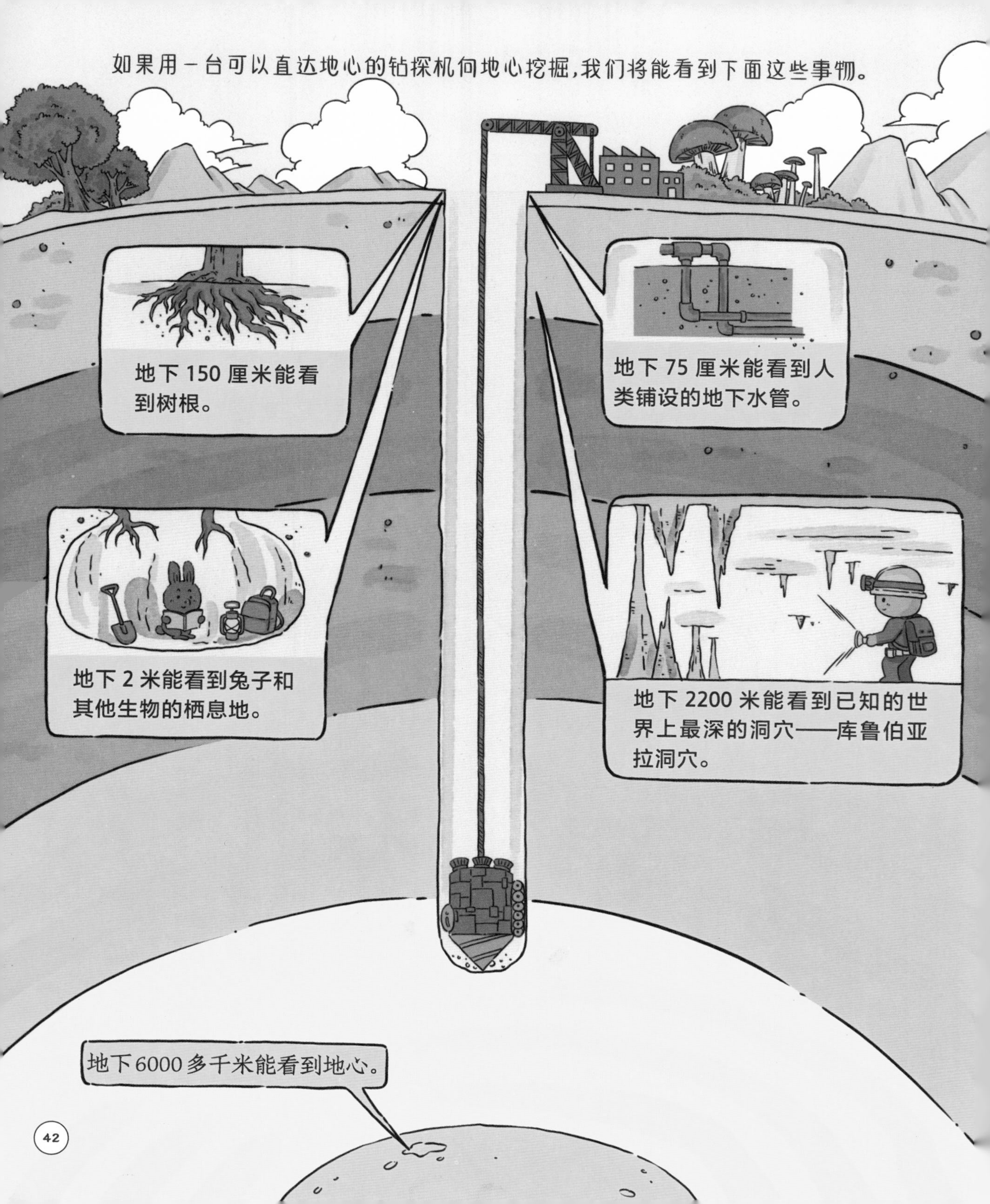
如果用一台可以直达地心的钻探机向地心挖掘，我们将能看到下面这些事物。
地下 150 厘米能看到树根。
地下 75 厘米能看到人类铺设的地下水管。
地下 2 米能看到兔子和其他生物的栖息地。
地下 2200 米能看到已知的世界上最深的洞穴——库鲁伯亚拉洞穴。
地下6000多千米能看到地心。

下周，部落里就要举办一年一度的走迷宫大赛了，黄洞洞不想再当倒数第一了，于是，这次他又想出了什么新主意呢？请看下集《出发！开启“寻路”之旅》。

洋洋兔

超有趣的科学探索之旅

黄洞洞超级懂

·第二辑·

天呐！魔法师在天气岛

认识天气

洋洋兔 著/绘

電子工業出版社
Publishing House of Electronics Industry
北京·BEIJING

图书在版编目（CIP）数据

黄洞洞超级懂：超有趣的科学探索之旅. 第二辑. 天呐！魔法师在天气岛：认识天气 / 洋洋兔著、绘. 北京：电子工业出版社, 2024. 9. -- ISBN 978-7-121-48692-0

Ⅰ. N49；P44-49

中国国家版本馆CIP数据核字第2024H6L232号

责任编辑：肖 雪　季 萌
印　　刷：北京瑞禾彩色印刷有限公司
装　　订：北京瑞禾彩色印刷有限公司
出版发行：电子工业出版社
　　　　　北京市海淀区万寿路173信箱　邮编：100036
开　　本：889×1194　1/16　印张：16.5　字数：139.5千字
版　　次：2024年9月第1版
印　　次：2025年2月第2次印刷
定　　价：138.00元（全6册）

凡所购买电子工业出版社图书有缺损问题，请向购买书店调换。若书店售缺，请与本社发行部联系，联系及邮购电话：（010）88254888，88258888。

质量投诉请发邮件至zlts@phei.com.cn，盗版侵权举报请发邮件至dbqq@phei.com.cn。

本书咨询联系方式：（010）88254161转1860，xiaox@phei.com.cn。

黄洞洞

勇敢、乐观、喜欢冒险的小奶酪。没有时间观念，所以总是迟到。

格鲁特

力气很大的小可乐，很怕热，天气一热就会变得没有精神。

小皮蛋

小名“小黑”，是个爱吹牛的小朋友，还会放超级臭的屁，然后装作不是自己放的。

发夹博士

汉堡大法师研发的智能助手，超级啰唆，但无所不知。

里卡多

乐于助人的小汉堡，但总是帮倒忙。

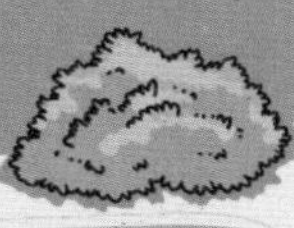

洛洛特

来自玩具国的小魔方，因为随意操控天气引发众怒，被流放到天气岛。

四季岛的旅行让人印象深刻，对记性不好的黄洞洞来说也是永生难忘的。没想到，更残酷的旅程即将到来……

从四季岛回来后，黄洞洞就病了。他在家一连躺了三天，上学之后才发现小汉堡里卡多、冰激凌三兄弟、小薯条卡卡这几位好朋友不见了。
他们已经消失 3 天了！
啊？

这时，极速蜜蜂火急火燎地送来一封信。
大法师，救命啊！我们被困在天气岛了。
天气岛？

原来是里卡多拿着从四季岛带回来的藏宝图，拉上冰激凌三兄弟和卡卡，又借了小米的飞行快递溜去金银岛找宝贝，结果飞错了地方，飞到了恐怖的天气岛。
天气岛上有许多奇怪的生物，还时常出现恐怖的叫声……
还有，岛上极端天气频发，一会儿晴天一会儿下雨，很多人在登岛后都离奇失踪了。
啊？那里卡多他们怕是凶多吉少了！

管不了那么多了，为了好朋友们，黄洞洞立刻成立“天气岛救援小分队”，背上大法师给的百宝急救包出发了。

他们坐着“海上飞瓶”在大海中疾驰着。

过了很久，他们终于到达了传说中的天气岛。
看，那不是小米的飞行快递吗？
怎么变成这样了？
话音未落，一道闪电劈了下来，打在小米飞行器上，接着是轰隆隆的雷声。
原来……他们是这样降落的……
好惨啊……

但是，这么大的岛，他们该往哪里走呢？黄洞洞突然想起来自己还有个百宝急救包，便伸手在里面翻腾……
这个是什么？
发夹？我们又没头发。
一个没用的发夹！
谁说我没用？我是发夹博士，没有我不知道的事！
它竟然会说话！

这个会说话还无所不知的发夹可把大家吓了一跳。小黑把它别在了蛋壳上。大家根据发夹的指引，往岛内奔去。
我是别在头上的！不是别在屁股上的……
我们都没有头发，你就将就一下吧！
突然，岛上下起了雷阵雨。

雷电是一种伴有闪电和雷鸣的自然现象，是大气中能量聚集后的释放。雷阵雨常常出现在夏季，往往会出现狂风大作、雷雨交加的情况。

知道啦！快点儿离开这里吧！

发夹博士的话音刚落，大暴雨就来了，这回伞帽是扛不住了。

雨越下越大，他们决定先找个地方躲一躲。幸好，前方有个大大的山洞。
快，进去躲躲！

这些石头的形状
好奇怪啊！
这是什么
味道？
我一跑步就放屁！
噗！
臭死了！你就
不能忍一下？
嗷……
我要窒息了……
有人凶我，我
也会放屁！
噗！
噗！

阿嚏!
这时候，大家才发现，自己跑到了大怪兽的嘴里。怪兽被臭屁呛得要命，一个喷嚏，把他们喷了出来。
它不会吃了我们吧?
好大的恐龙啊!
啪!
看来，我们要先救自己了。

真是太幸运了，恐龙怪看都没看他们，转身就走了。
哈哈，这是岛上的生物恐龙怪！它以草为食！
臭死了！

过了一会儿，雨变小了，救援小分队继续往岛内挺进。
咚！

哎哟！
是谁在砸我？

那是冰雹！雨水遇到寒流就会结成冰，形成冰雹……

突然，无数的冰雹从天而降，劈里啪啦地砸下来。

冰雹消失了，但是……

“腾！”地一下子，数不清的“蜜蜂”从草丛中飞了起来。

有毒？
这可把大家吓坏了，小可乐格鲁特赶紧使出冰冻符。
结果，招来了更多的蜜蜂羊……
拼了！我就不信打不过几只小蜜蜂！
这下麻烦了。
谁敢过来，我就红烧了它！

蜜蜂羊正要组团冲锋时，突然掉头跑了。
怎么跑了？
一定是被我的气势吓退了！
看，那边……
是龙卷风来了，它的破坏力极强，能卷走地面上的一切！

发夹博士的话音刚落，龙卷风就刮了过来。
呸呸呸！谁的菜叶子跑到我的嘴里啦？
呀！谁撞到我的蛋壳了？
啊！谁的脚伸我嘴里了？

龙卷风把所有“东西”卷到了一片沙漠中。
我在这儿！
我在这儿！
还有一个在这！
烫！好烫！
你是谁？
我叫万世橙。
你们有水吗？
我快渴死了！
有！

格鲁特啪啪拍了两下手，杯子里的可乐满了，还浮出了冰块。

万世橙喝完可乐后，“嘭”地一下变回鲜橙子的样子。
赶快离开这里！这里的温度能达到 40℃以上。再待下去，你们会脱水、中暑，甚至变成干！大沙暴也要来了，它能把沙子吹到几十层楼高，搞不好还能把你们活埋在这里。

小伙伴们在发夹博士的指引下，一蹦一跳地走出了滚烫的沙漠。
暴风雪要来了，它能把你们冻成冰棍！
怎么越走越冷？
这座岛上就是这么刺激，能遇到各种各样的气象环境。

话没说完，一个大雪球就砸在了他们旁边。
是大雪怪！我们闯入了它的领地！快跑！

雪橇速度太快，一下子没刹住，他们一头扎进了一片冰冻的泥潭里。

这时，大家才发现在泥潭里有几个冻住的冰雕，正是大家要营救的对象——小汉堡里卡多、冰激凌三兄弟和小薯条卡卡！

大家齐心协力把“小冰人”们拖上了岸。

黄洞洞从急救包里掏出一个超级风筒，给“小冰人”们来了个“大风吹”，融化了冰块的同时顺便把他们吹干了。

我是谁？我在哪里？我叫啥来着……
冰冰凉三兄弟？
不对，冰棍三个弟？
对对，我们是难不倒三傻弟！
你们终于来了！我还以为再也见不到你们了！
你是谁？
鼻涕，注意你的鼻涕……

这时候，大家才发现多救了一个小魔方。于是，大家纷纷围过来。

这个小魔方是玩具国的天气魔法师，名叫洛洛特。因为随意操控天气，他被流放到了天气岛上。

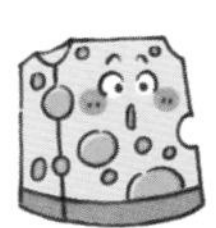

你既然能操控天气，为什么也会陷到泥潭里成了冰雕呢？

我在岛上太寂寞了，时间难熬，就把自己冻成了冰雕，这样就感受不到时间的流逝了。

魔法师真希望黄洞洞和他的伙伴们能留下来陪自己。
不，不，我可受不了这天气！
不，不，我受不了那些怪兽！
抱歉，我还要去拯救世界！要不，万世橙你留下？
不不不，作为一名伟大的探险家，我要去征服世界！
大家都不愿意留在这里，那就让我把天气变得更极端一点儿吧……
别……别……等一下……我们可不想葬身于此！

“孤单没朋友的人最可怜，因为和别人不一样就要被欺负，太不公平了。”这时候发夹博士说话了。

“这么好听的声音，是谁在说话？”洛洛特问道。

“是发夹博士！”小皮蛋说着从蛋壳上取下发夹博士，递给了洛洛特。

“发夹博士可以留下来陪你，他太啰唆了……不，他知识太渊博了！”

为了表示感谢，洛洛特操控龙卷风，把黄洞洞他们送了回去。
为什么又是龙卷风？！
可千万别被吹进泥潭了！
我再也不去找什么金银岛了！
我再也不来了。
再见！欢迎再来天气岛找我玩！

回到好吃部落后，大家发现汉堡大法师不见了。
汉堡大法师看你们这么久没回来，有些担心……就亲自去天气岛找你们了。
完了，那他还能回来吗？
啊？
阿嚏！

此时的天气岛上，大法师。
正体验着各种刺激的娱乐项目。
暴雨激流勇进

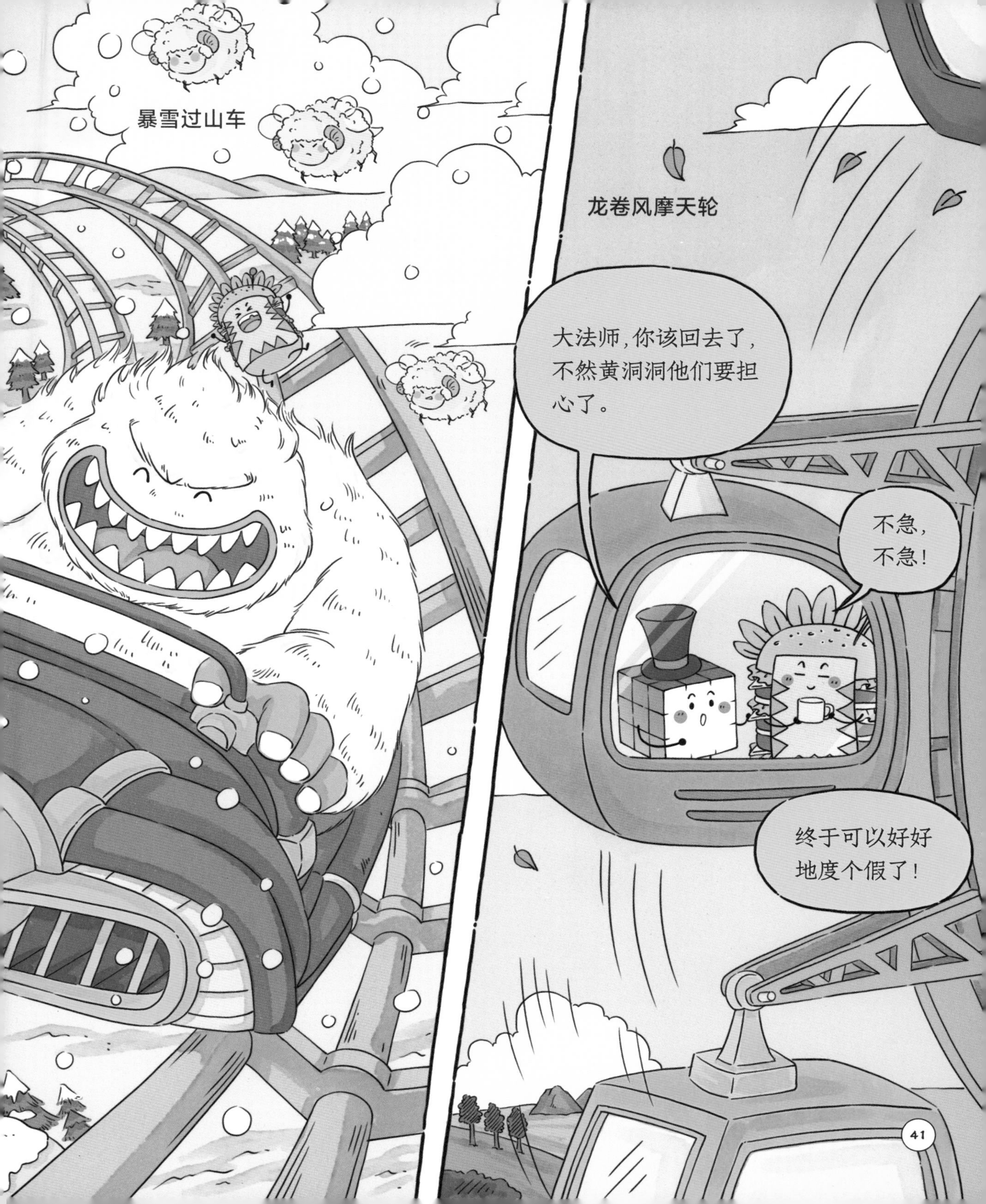
暴雪过山车
龙卷风摩天轮
大法师，你该回去了，不然黄洞洞他们要担心了。
不急，不急！
终于可以好好地度个假了！

黄洞洞和伙伴们在天气岛上经历了各种各样的天气，让我们一起认识一下不同天气的图片标识吧。

晴

多云

阴

阵雨

雷阵雨

雷阵雨伴有冰雹

雨夹雪

小雨

中雨

大雨

暴雨

大暴雨

特大暴雨

阵雪

小雪

中雪

大雪

暴雪

雾

冻雨

扬沙

沙尘暴

强沙尘暴

浮尘

小雨—中雨

中雨—大雨

大雨—暴雨

暴雨—大暴雨

大暴雨—特大暴雨

小雪—中雪

中雪—大雪

大雪—暴雪

听说海域国的七王子卡拉带着超多的金币来到好吃部落，这次他要来干什么呢？请看下集《快来！卡拉王子买房啦》。

洋洋兔 著/绘

電子工業出版社
Publishing House of Electronics Industry
北京 · BEIJING

图书在版编目（CIP）数据

黄洞洞超级懂：超有趣的科学探索之旅. 第二辑. 冲啊！旅游胜地四季岛：认识季节 / 洋洋兔著、绘. 北京：电子工业出版社, 2024. 9. -- ISBN 978-7-121-48692-0

Ⅰ. N49；P193-49

中国国家版本馆CIP数据核字第2024E8E807号

责任编辑：肖 雪　季 萌
印　　刷：北京瑞禾彩色印刷有限公司
装　　订：北京瑞禾彩色印刷有限公司
出版发行：电子工业出版社
　　　　　北京市海淀区万寿路173信箱　邮编：100036
开　　本：889×1194　1/16　印张：16.5　字数：139.5千字
版　　次：2024年9月第1版
印　　次：2025年2月第2次印刷
定　　价：138.00元（全6册）

凡所购买电子工业出版社图书有缺损问题，请向购买书店调换。若书店售缺，请与本社发行部联系，联系及邮购电话：（010）88254888，88258888。

质量投诉请发邮件至zlts@phei.com.cn，盗版侵权举报请发邮件至dbqq@phei.com.cn。

本书咨询联系方式：（010）88254161转1860，xiaox@phei.com.cn。

黄洞洞

勇敢、乐观、喜欢冒险的小奶酪。没有时间观念，所以总是迟到。

好吃班里的“智多星”，虽然样貌普通，但脑子聪明，总有数不清的主意。

汉堡大法师

好吃部落的大总管，无所不知的魔法老师。

软绵绵

好吃部落里年纪小、个子小，但成绩很好的棉花糖。

春、夏、秋、冬

在四季岛上管理季节的小矮人。每个小矮人负责管理一个季节。他们性格迥异，但都很爱攀比，所以总是吵架。

好吃部落的夏日总是太过漫长。看着每天活力四射的孩子们，汉堡大法师下定决心要做点儿不一样的事……

免费
免费！
畅游四季岛
哇，免费呢！
一个夏日的午后，歪脖子树上出现了一则诱人的广告。

汉堡大法师悄悄撕下广告，急忙跑回家。

咔！

终于可以悠闲地
度个假了。
可不能让那些捣蛋
鬼们知道!

阳光、沙滩、美味的海鲜……四季岛我来了！
出发，去四季岛！
好的！
飞球场

等一下！
！

四季岛，我们来了……
汉堡大法师！
汉堡大法师也拿到广告啦！
走到哪儿都有这群小鬼……
美好的假期……泡汤了……

原来，好吃班的同学们也收到了广告。没办法，汉堡大法师只得把这次个人旅行改成好吃班的集体春游了。
哎哟，我的腰！
准备好了吗？
呜呜！
谁放屁了？
准备好了！
不要挤了！

啊！
巨人飞球，
启动！

飞球像陨石坠落一般
快速落到了四季岛上。
大家被摔得头昏脑涨的！
呕！
这降落也太
不平稳了！
屁股痛死了！

不过，大家很快就被岛上的风景吸引了。
此时的四季岛正值春天，岛上一片生机盎然的景象。拂面的微风把同学们吹得都陶醉了。
哇！

岛上的居民们也很奇特，
他们是各式各样的杯子人。
我要去游泳！
我要去踢球！
走了！
回家啦！

正当好吃班旅游团就要开启疯狂玩耍模式时，一阵寒风吹过……

傍晚时分，岛上的杯子人都穿起了厚厚的羽绒服，戴上了棉帽子、毛围巾、棉手套……这可把黄洞洞他们乐坏了……
你们不怕热吗？
不对劲儿的是这些岛民吧？！
哈哈哈，大热天穿羽绒服……

夜幕降临，小伙伴们围着篝火跳着舞，唱着歌，开心极了。
勇敢的好吃班，我们天下无敌。
恶魔怪兽都来吧，打得它们牙满地！
我是吃货，我第一……
大家从天亮玩到天黑，睡觉时间到了，同学们依依不舍地回到了帐篷内。
睡觉去！
真是美好的一天，大家累得倒头就睡。

啊！
第二天一早，大家被一声大叫惊醒了！
一夜之间，外面从盛夏变成了寒冬，大家被冻得瑟瑟发抖。
有怪兽？
看……

是克拉拉和里卡多！
他们怎么被冻住了？！
这就是晚上不睡觉，偷跑出来玩的下场。
太冷了，快把他们搬进去！

危急关头，机智的黄洞洞网购了服装。随后，快递员给大家送来了冬装。大家得救了……

刚穿上冬装，外面又变得酷暑难耐，大家热得快要融化了。
热……
好热……
可恶！不是说四季岛上四季分明吗？
你们还不知道吧？

玻璃杯莫可可开始滔滔不绝地讲了起来。

小伙伴们一不做二不休，趁着心中的火气未消，决定一鼓作气爬上司季山，去探个究竟。

司季山上的风景十分别致，山顶处还有四个房子，分别住着春、夏、秋、冬四个小矮人。他们每人负责管理一个季节，且共同管理着四季钟。

但是，最近小矮人们很不开心，经常吵架。一生气他们就拉绳子，导致四季更替、气温骤变。

看见有人来了，四个小矮人纷纷拉着黄洞洞他们来当裁判，评选出最受欢迎的季节。
你们给评评理！
冬
秋
夏
春天，人们脱掉厚重的冬装。农民伯伯们开始播种了！
柳树发芽
桃花开
迎春花开
多雨，气温变化无常。

春天万物复苏，冰雪融化，百花盛开，
是孕育一切的季节，谁会不爱春天呢？
大家来看看美
丽的春天！
草莓
春笋
香椿
燕子从南方飞回北方
黄鹂鸟
布谷鸟
棕熊也从冬
眠中醒来了

夏天，天气变得炎热。大家可以穿上短裤、裙子在树下乘凉，还可以在海边嬉笑打闹。
咚！
你们再来看看夏天。
夏
百合
荷花
大风
西瓜
向日葵
樱桃
暴雨

桃子
杧果
蚂蚱
萤火虫
螳螂
知了
蚊子

好了，该秋天了！
秋
秋天，气温开始下降。人们穿上了秋衣、秋裤和风衣。田间的粮食也丰收了。
粮
菊花
牵牛花
桂花
海棠花
枣
苹果

玉米
南瓜
红薯
小麦
柿子
树叶变黄，慢慢
掉落了。
大雁南飞
鹿角会脱落
松鼠、刺猬开始储存粮食。

让你们见识
一下冬天吧！
天气变冷。人们穿上了厚厚的
衣服。可以在雪天滑冰、堆雪人。
冬天也有美丽的花朵盛开。
红花龙胆
风信子
君子兰
梅花
寒风呼啸、
树叶掉光、
河面结冰。

冬天多美啊，白雪皑皑的。人们会在冬天过春节，吃热腾腾、香喷喷的饺子！
冬
鹅毛大雪
烤红薯
冰糖葫芦
汤圆
饺子
青蛙、小蛇、棕熊开始冬眠了。
小蛇
青蛙
棕熊
Z Z Z

一场比拼下来，四个小矮人平分秋色。汉堡大法师和小伙伴们怎么也评不出谁是第一名。
好难啊，这个比数学考试还难！
投票
春 夏 秋 冬
正 正 正 正
我最受欢迎！
我！
我！
我！
春
夏
秋
冬
对了，你们为啥非要比个高低？
是这样……
前些日子，我们收到了一个超级大的礼物。
送礼的人指明要把礼物送给最受欢迎的人！
春
夏
秋
冬

就是这个礼物。

所以你们都认为
这是送给自己的？

哇！快打开看看
是什么宝贝吧！

有可能是玩具拼图！

希望是文具大礼包！

快拆开看看！

最爱拆快递的黄洞洞打开了包裹，结果……

哎哟！
痛！
啊！
妈呀！

快盖上它！
秋
春
冬
这就是你们争抢的礼物？
这分明就是个恶作剧！
嘿嘿，真是
没想到……
春
夏
秋
冬

其实每个季节都是与众不同的，都有自己的魅力。
我喜欢春天，因为春天到处都是好看的花儿！
我觉得夏天好，我可以经常吃冰激凌。
秋天！不，春天！
夏天好！
冬天好！

我喜欢秋天，因为秋天
有吃不完的水果。
我觉得冬天好。
冬天可以打雪仗、
堆雪人。
我看呀，还是
让你们一天过
完四季最好！
看来，每个季节都很受欢迎。
小矮人们停止了争吵，又开始有规
律地轮值了。
我们的支持者还
真不少，哈哈哈！
春
夏
秋
冬

小伙伴们告别了四季小矮人，下山了。
?
你拿着这个盒子做什么？
总要带个纪念品回去给大家展示一下！
那你自己可拿稳了！
你可真奇怪！

里卡多一不小心摔了个大跟头，惹来大家一阵大笑。

地球上四季的产生

地球围绕太阳公转，同时，它也在自己的自转轴上自转。地球的自转轴并不垂直于其公转轨道平面，而是有一个大约 66.5 度的倾斜角。这种倾斜导致在不同时间段内，地球上不同纬度的地区会接收到不同程度的太阳辐射，从而形成了四季更替。以我们居住的北半球为例，来了解一下四季的形成原理。

夏季：当地球处于轨道上远离太阳的位置（远日点）时，北半球倾向太阳，太阳直射点一直位于北半球，北半球受到太阳辐射的强度增大，因此温度较高，形成夏季。

冬季：当地球处于轨道上靠近太阳的位置（近日点）时，北半球背向太阳，太阳直射点一直位于南半球，北半球受到太阳辐射的强度减小，因此温度较低，形成冬季。

春季和秋季：这两个季节是夏季和冬季之间的过渡期，此时太阳直射点从赤道向南或向北移动，导致温度逐渐升高或降低。

需要注意的是，南半球的季节与北半球的季节相反，这是因为当北半球倾向太阳时，南半球则背向太阳。因此，北半球的夏季对应南半球的冬季，反之亦然。

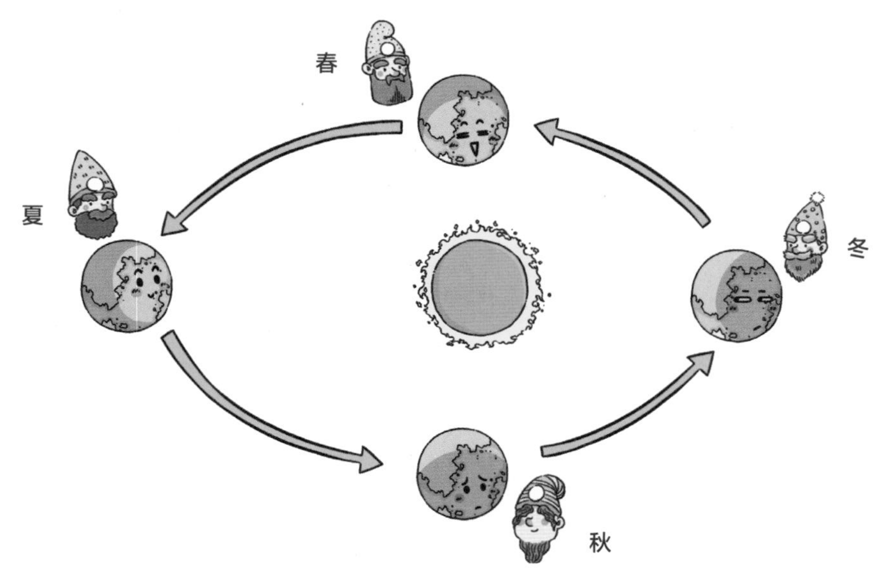

我们通常以天文季节与气候季节相结合的方式来划分四季。即 3、4、5 月为春季，6、7、8 月为夏季，9、10、11 月为秋季，12、1、2 月为冬季。

令人没想到的是，箱子底下竟然贴着一张藏宝图，上面写着：在茫茫大海中有个金银岛，岛上遍地是宝贝。小伙伴们决定去寻宝，请看下集《天呐！魔法师在天乞岛》。

電子工業出版社
Publishing House of Electronics Industry
北京 · BEIJING

图书在版编目（CIP）数据

黄洞洞超级懂：超有趣的科学探索之旅. 第二辑. 糟糕！月亮掉下来啦：太阳系行星 / 洋洋兔著、绘. 北京：电子工业出版社，2024. 9. -- ISBN 978-7-121-48692-0

Ⅰ. N49；P18-49

中国国家版本馆CIP数据核字第2024AJ0004号

责任编辑：肖　雪　　季　萌
印　　刷：北京瑞禾彩色印刷有限公司
装　　订：北京瑞禾彩色印刷有限公司
出版发行：电子工业出版社
　　　　　北京市海淀区万寿路173信箱　邮编：100036
开　　本：889×1194　1/16　　印张：16.5　　字数：139.5千字
版　　次：2024年9月第1版
印　　次：2025年2月第2次印刷
定　　价：138.00元（全6册）

凡所购买电子工业出版社图书有缺损问题，请向购买书店调换。若书店售缺，请与本社发行部联系，联系及邮购电话：（010）88254888，88258888。

质量投诉请发邮件至zlts@phei.com.cn，盗版侵权举报请发邮件至dbqq@phei.com.cn。

本书咨询联系方式：（010）88254161转1860，xiaox@phei.com.cn。

黄洞洞

勇敢、乐观、喜欢冒险的小奶酪。没有时间观念，所以总是迟到。

小吐司

性格温柔，有点儿腼腆，黄油宝宝非常喜欢她。

棉花云

大法师的专用坐骑，运动速度快，飞行稳定，偶尔会被借给黄洞洞他们使用。

冰激凌三兄弟

也是话痨三兄弟，老大呼是个急性子，喜欢快跑，所以总是把老三啦啦啦甩飞。

下克

星星公园的管理员，负责看管和维护星球运行，力大无穷，爱吃香喷喷的奶制品。

巨人

来自巨人谷的巨人，喜欢把星星公园的星球当台球打。他们虽然看上去不好惹，但其实很胆小。

好吃部落最近一切如常，和平又安宁，夜晚更是安静，就连大法师的呼噜声都更响了。这一切是那么正常，又有点儿不正常……

安静的夜晚，一颗流星划过夜空，刚好砸在了好吃部落。

这是啥？
一颗星星？
它浑身是坑！
昨晚的巨响就是它造成的！
它好大！
不好，星星公园出事了！

管理员，你们的月亮是不是不见了？
是啊，你咋知道的？
月亮？
它都快把我们好吃部落砸没了！
不好意思，不好意思！星星公园最近晚上有怪兽出没。怪兽把星星们丢得到处都是！

它们还发出奇怪的声音，吓得游客们都不敢来了！快来救救我们吧……
（此处省略一万字的求救内容。）
……
蘑菇苹果小白菜，小！
原来月亮是个球。
我一直以为月亮是个盘子呢。

好艰巨的任务啊，大家你看看我，我看看你，都没敢出声。

星星公园可是传闻中排名第一好玩的公园，谁不想去见识一下呢？大家终于鼓起勇气，举起了手。

很快，救援小分队集结完毕。汉堡大法师给了他们一朵有脾气的棉花云和一句咒语。

他们飞过面包树帝国。

他们终于来到了远近闻名的星星公园，见到了身材健壮的大猩猩
管理员下克。
嗨！
谢谢你们把月亮送回来！

太阳系就缺它了，
我这就把它复原！
哇，这帮小家伙
看起来很好吃呢，
奶香奶香的！
不准打我们的
主意！我们可
是来帮忙的。

救援小分队跟着下克一起，来到了太阳系。
下克一通操作，把太阳系的星星整理好了

接着，他又打了一个响指，星星竟然运转起来了。
啪

太阳系有八大行星呢！地球就是其中的一颗，而月亮是它的卫星！

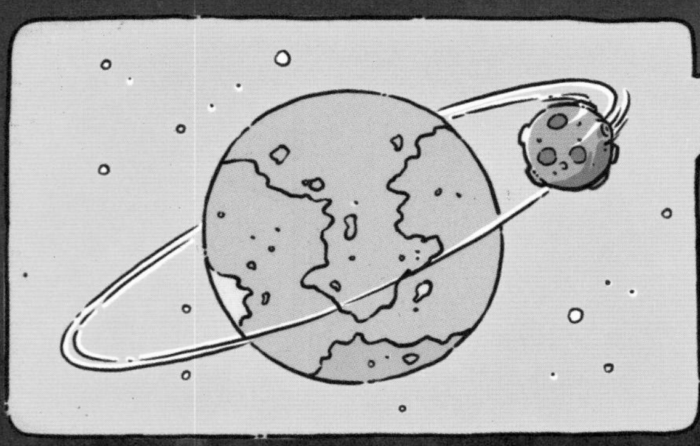
月球绕着地球转，地球绕着太阳转，地球自己也在转，神奇神奇真神奇！

行星们都围着太阳
不停地转圈圈呢。
糟糕！金星、水星的卫星去
哪了？被怪物吃掉了吗？
吃卫星的怪物？

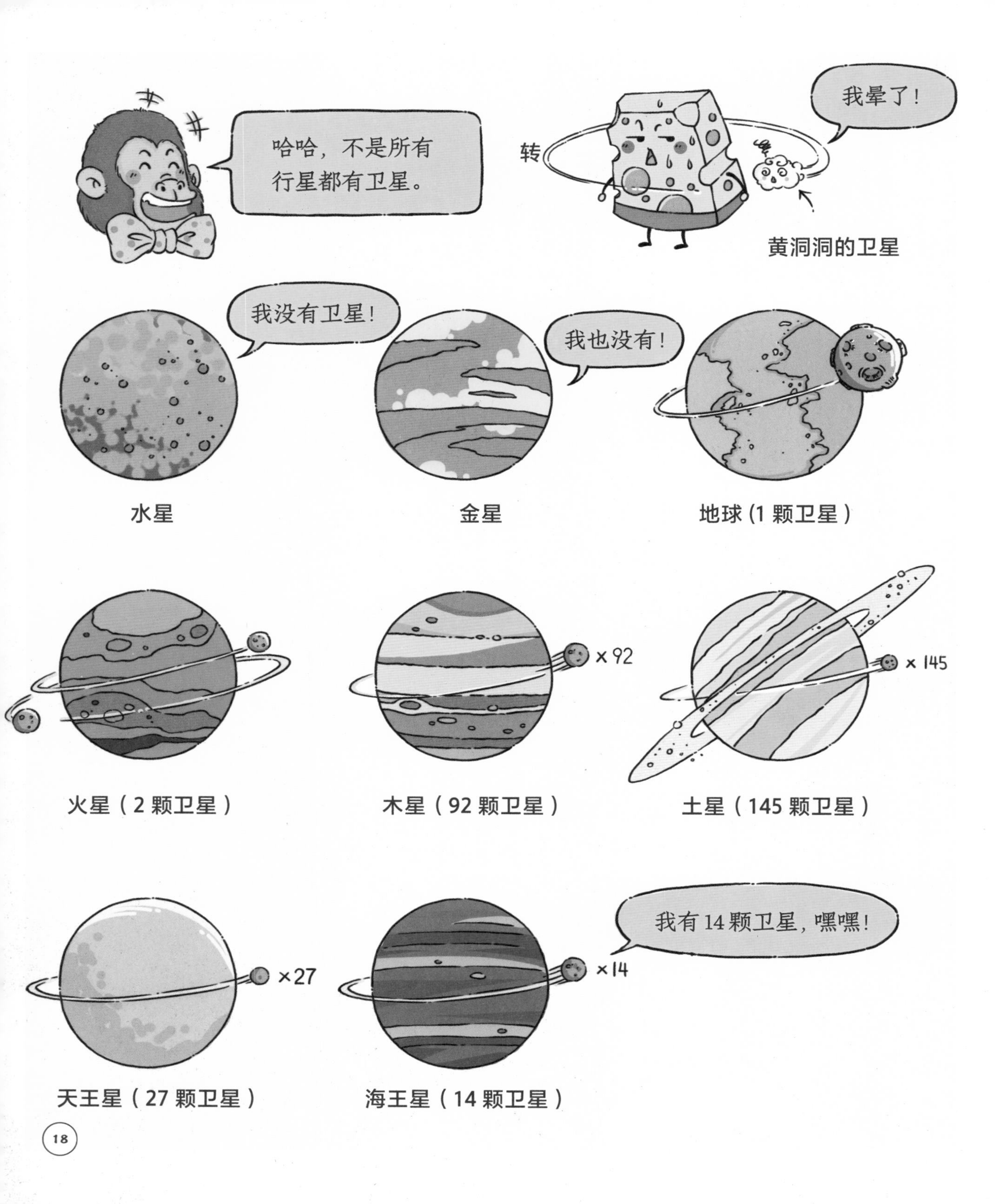
哈哈，不是所有行星都有卫星。
转
我晕了！
黄洞洞的卫星
我没有卫星！
我也没有！
水星
金星
地球（1 颗卫星）
×92
×145
火星（2 颗卫星）
木星（92 颗卫星）
土星（145 颗卫星）
×27
×14
我有 14 颗卫星，嘿嘿！
天王星（27 颗卫星）
海王星（14 颗卫星）

嘿嘿，我带大家近距离了解一下太阳系吧！
我们先从离太阳最近的水星走起！
就是那个和月球长得很像、浑身是坑的星星？
是的。
你自己不也浑身是坑吗？
我这是洞洞，不是坑！

这就是八大行星中离太阳最近的、个头最小、引力最小的水星。
欢迎大家来到水星，体验“一蹦三尺高”项目，哈哈哈！
水星的大气层非常稀薄，对水星表面的保护作用有限。于是，水星被彗星和小行星等较小的天体撞击形成了很多陨石坑。
我从来没跳得这么高过！
水星的引力是八大行星中最小的。

接着是八大行星中温度最高的金星。
看，就是它。
金星有厚厚的、淡黄色的大气层。它的大气层能反射大量的太阳光，这让它看起来亮闪闪的。
好热啊！就像进了烤炉！
太漂亮了！
热热热，飞飞飞，风吹呜呜。
金星的大气层中拥有大量的二氧化碳，锁住了来自太阳的热量，这导致金星表面温度极高，平均温度达到462℃，是太阳系中最热的行星之一。

接下来的这颗大蓝球就是人类居住的地球了。

这个蓝星一看就非常凉快，
我已经能感受到凉爽的海风了！

地球表面的大部分面积被海洋覆盖，所以它看上去是颗蓝色的球。

地球唯一的卫星就是月球！

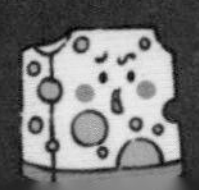

赶紧去看下一个行星吧！

火星上有太阳系中已知最大的火山群，其中包括了太阳系中最高的火山——奥林波斯山，其高度约是地球上的最高峰珠穆朗玛峰高度的3倍。

地球
火星
木星

木星的体积好大啊！
木星主要由氢和氦构成，是太阳系中体积最大的行星，相当于 1300 个地球。
它的引力也超大，约是地球引力的三倍！
我们来体验“寸步难行”项目吧。
我抬不起脚了！
这个星球一点儿都不好玩！

这颗是“自带光环”的土星，它看起来非常壮观。
它的腰上像戴了个呼啦圈！
那个呼啦圈叫土星环，是由尘埃、岩石和冰块等物质组成的。
太漂亮了！
我也想要！
……

这颗是天王星，它总是懒洋洋地横躺着，缓缓地绕着太阳转。

这可不是我们放错了，它本身就是这个姿势。

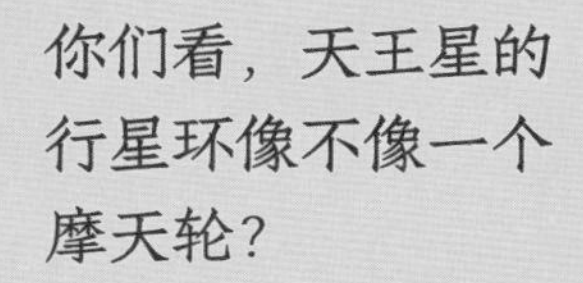

你们看，天王星的行星环像不像一个摩天轮？

我也想要这个环！

天王星绕太阳转一圈需要 84 个地球年！

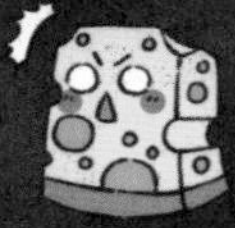

哇，那不一下子就老了！

好漫长啊。

孤独的海王星，离太阳实在是太远了，来自太阳的光和热只有很少一部分能抵达这里，所以这里又黑又冷。它静静地躲在太阳系的角落里。

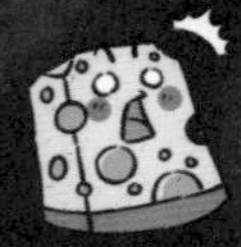

注：海王星的大气层含有丰富的甲烷。甲烷吸收了来自太阳的红光和橙光等波长较长的光线，而散射了蓝光和绿光等波长较短的光线。当我们从地球上观察海王星时，看到的是它反射回太空的光线，因此它通常呈现出深蓝色。

逛完太阳系，大家都累坏了，纷纷倒在草坪上睡着了。头上的太阳系依旧有规律地运行着。

突然，大地震动起来，
接着又传来一阵巨响。

什么声音？是怪兽来了吗？
怪兽！

管理员呢？
我已经下班休息啦，你们在星星公园好好玩吧！
他真没义气！

嗖！

原来是巨人谷的巨人趁着天黑溜进了公园。他们竟然把星星公园的微缩星球当台球打！眼看着星星公园又乱套了，小伙伴们又喊又跳，但两位巨人根本不理他们，依然我行我素地打着“球”。
住手！快住手！

没办法，黄洞洞只好使出了大招，召唤来无数的小蜜蜂。
菠萝苹果草莓棒，蜜蜂快来一起玩！
临行前，大法师教给黄洞洞的咒语终于派上了用场。

蘑菇苹果大白菜，大！

哪里来的蜜蜂？

好痛啊！
快跑！

再也不来了！

第二天，大猩猩管理员卞克偷偷摸摸地来上班了。
都跑了？
哈哈，这下好了，星星公园又可以正常开放了！

最后，为了感谢勇敢的小蜜蜂们，下克决定把公园的标志换成小蜜蜂，把蜂巢挂在公园门口，充当公园的守护者。

星星公园的星星们回到了自己的位置上，小伙伴们也玩得很尽兴，一切都是那么美好。

太阳系由太阳、8 大行星、近 500 个卫星、至少 120 万个小行星，还有一些矮行星和彗星构成。太阳是太阳系中唯一能够发光、发热的星球。太阳就像一个巨大的洋葱，里面分为好多层，最中心的地方不停地向外散发能量，正是这些能量促进了地球上万物的生长。

汉堡大法师看到了一则广告，上面说四季岛最近可以免费游玩了。他偷偷避开黄洞洞他们，自己踏上了旅程。他的旅程会顺利吗？请看下集《冲啊！旅游胜地四季岛》。

電子工業出版社
Publishing House of Electronics Industry
北京 · BEIJING

图书在版编目（CIP）数据

黄洞洞超级懂：超有趣的科学探索之旅. 第二辑. 快来！卡拉王子买房啦：动物的家 / 洋洋兔著、绘. 北京：电子工业出版社，2024. 9. -- ISBN 978-7-121-48692-0

Ⅰ. N49；Q95-49

中国国家版本馆CIP数据核字第2024GR4726号

责任编辑：肖　雪　　季　萌
印　　刷：北京瑞禾彩色印刷有限公司
装　　订：北京瑞禾彩色印刷有限公司
出版发行：电子工业出版社
　　　　　北京市海淀区万寿路173信箱　邮编：100036
开　　本：889×1194　1/16　　印张：16.5　　字数：139.5千字
版　　次：2024年9月第1版
印　　次：2025年2月第2次印刷
定　　价：138.00元（全6册）

凡所购买电子工业出版社图书有缺损问题，请向购买书店调换。若书店售缺，请与本社发行部联系，联系及邮购电话：（010）88254888，88258888。

质量投诉请发邮件至zlts@phei.com.cn，盗版侵权举报请发邮件至dbqq@phei.com.cn。

本书咨询联系方式：（010）88254161转1860，xiaox@phei.com.cn。

黄洞洞

勇敢、乐观、喜欢冒险的小奶酪。没有时间观念，所以总是迟到。

艾格

有洁癖的小鸡蛋，很爱干净，看到脏东西就忍不住想去擦洗干净。

卡卡

好吃班里的“智多星”，虽然样貌普通，但脑子聪明，总有数不清的主意。

小皮蛋

小名“小黑”，是个爱吹牛的小朋友，还会放超级臭的屁，然后装作不是自己放的。

卡拉

海域国的七王子，拥有很多金币。他在住房问题上很挑剔，一定要选性价比最高的房子。为了找到合适的房子，即使上天入海他也愿意。

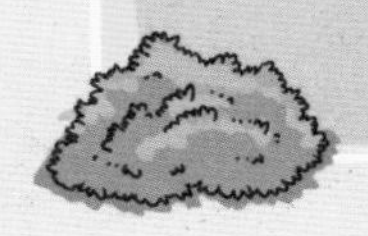

黄洞洞最近看上了一双新跑鞋，可是他的积蓄太少了，再攒 3650 天零用钱才能买得起那双鞋。不过，部落里好像来生意了……

最近，好吃部落来了个新成员，他是海域国的七王子——一只名叫卡拉的寄居蟹。
你要换个新房子？
这些金币是酬劳吗？

是的！
听说卡拉是个十分挑剔的寄居蟹。
但是他有很多金币。

听说能获得金币，村民们一下子沸腾了，这可是个挣钱的好机会！

经过筛选，大家派出了小奶酪黄洞洞、小薯条卡卡、小鸡蛋艾格组成“寻房小分队”帮七王子找房子。

黄洞洞用咒语召唤来一张又小又破的飞毯。

就这样，他们踏上了帮卡拉寻房之路。
当心树枝！
当心鸟！
我还是第一次
离开地面！
太刺激——啦！

快减速！
减速！
都坐稳了！

第一站，他们来到了燕子的家，
一处用泥土垒成的超坚固的家。
这是家燕的房子，坚固又保暖！
有眼光！它们用的可都是最好的泥。
这是家燕用嘴巴衔来泥土，再加上它们的口水、羽毛，以及树枝等材料，一口一口堆砌而成的。
这个房子看起来好土啊！

燕子从湖泊、池塘等地衔取泥土。
用嘴将泥土搓成小泥丸。
将泥丸从下往上紧密地堆砌在一起。
卡拉钻进燕子窝往外看。
有没有闻到大自然的气息？
有没有看到美美的风景？
我闻到的是口水的味道，看到的是厚厚的屋檐！
不满意，下一个！

第二站，他们来到了欧亚攀雀的家。这是一个用羊毛筑成的、十分温暖的家。
看，这是欧亚攀雀的羊毛房！
这可比家燕的家高级多了！

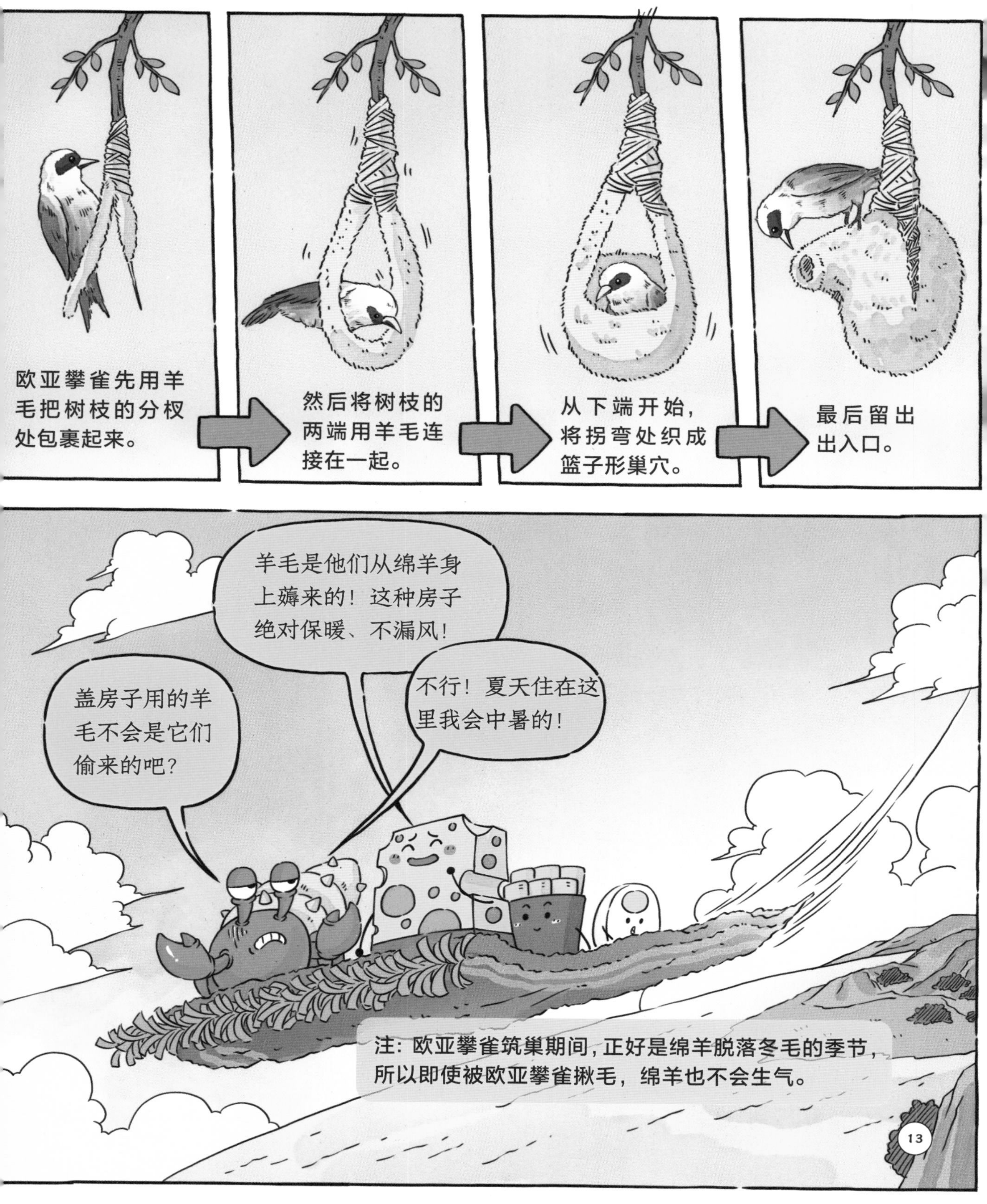
欧亚攀雀先用羊毛把树枝的分杈处包裹起来。
然后将树枝的两端用羊毛连接在一起。
从下端开始，将拐弯处织成篮子形巢穴。
最后留出出入口。
羊毛是他们从绵羊身上薅来的！这种房子绝对保暖、不漏风！
盖房子用的羊毛不会是它们偷来的吧？
不行！夏天住在这里我会中暑的！
注：欧亚攀雀筑巢期间，正好是绵羊脱落冬毛的季节，所以即使被欧亚攀雀揪毛，绵羊也不会生气。

第三站，他们来到了野猪的家。这可是一座通风、凉快的大房子。

注：野外的猪窝主要用来供猪妈妈抚养小猪。
这个房子装修得太简陋了，一点儿都不时尚……
注：野猪会将芒草、芦苇等高大的草本植物咬断并堆起来，建成半球形的窝。

第四站，大家来到了蜘蛛的家。在蜘蛛家里，伸手就能摸到阳光和雨露。
这个获得过多项时尚建筑奖的超级阳光房不错吧？
每天都有外卖自动送上门，超级惬意哦！
早上，房子上会挂满露珠，可漂亮了！
住在这么通透的房子里，别人都能看见我和我的金币了。
连个屋顶都没有，刮风下雨怎么办？我不喜欢这个房子！

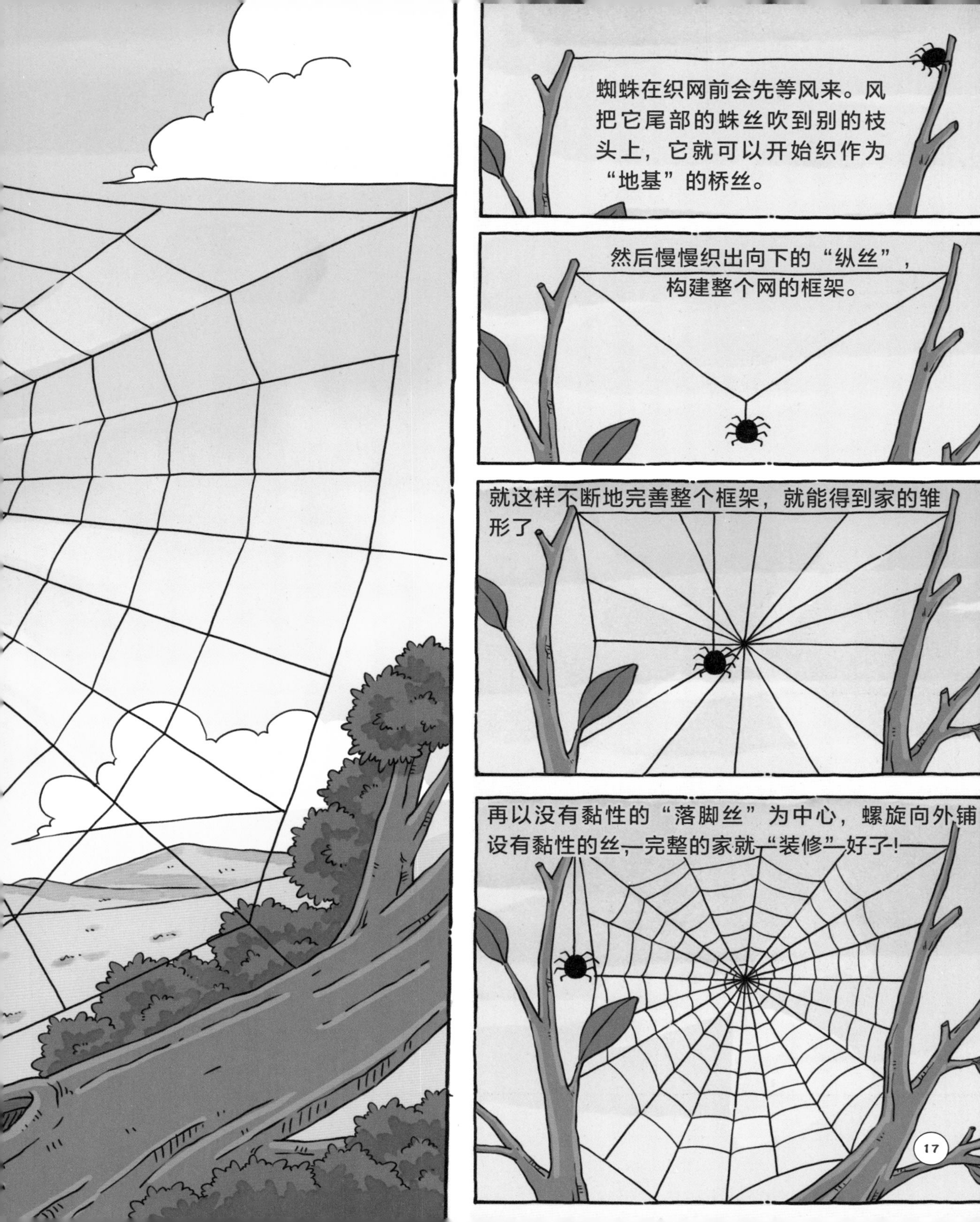

蜘蛛在织网前会先等风来。风
把它尾部的蛛丝吹到别的枝
头上，它就可以开始织作为
“地基”的桥丝。
然后慢慢织出向下的“纵丝”，
构建整个网的框架。
就这样不断地完善整个框架，就能得到家的雏
形了。
再以没有黏性的“落脚丝”为中心，螺旋向外铺
设有黏性的丝，完整的家就“装修”好了！

第五站，他们来到了群织雀的家——一栋豪华的集体宿舍。
这个房子怎么样？有房顶可以遮风挡雨。
还有很多邻居，平时可以互相帮忙。
集体宿舍最安全了！
进去看看。
经常有新住户来建造新巢，所以鸟巢变得越来越大。
鸟巢的出入口朝下，天敌很难入侵。

入户门怎么
在下面？
抱歉，忘记提醒你了。
不行，这太危险了，
晚上睡觉我会掉下去的！

第六站，他们来到了橡树啄木鸟的家——一个藏着粮食的树洞。

卡拉，这次的房子包你满意！
别看洞口小，里面的空间可大着呢！还存有满树的粮食。
对，还不用担心睡觉时从树上掉下来！
爬树好累啊！每天爬上爬下的多麻烦啊！
注：橡树啄木鸟会在树干上啄出一个一个的小洞，将橡子埋在小洞中储藏起来。

第七站，他们来到了蜜蜂的家——一栋充满香甜气息的、拥有无数小单间的公寓楼。
蜜蜂的家由无数结实好看的格子间组成，非常安全。里面还有香甜的蜂蜜可以食用！
在这里每天呼吸的空气都是香甜的！
我想不到它有什么缺点！
环境确实还可以。但你们不觉得太吵了吗？我可不想要这么多邻居，我更喜欢独居。
好像……是有点儿吵。

跟别人的盖房方式不一样，蜜蜂们盖房子先盖天花板。

然后，把从天花板延伸出来的墙壁整理成六边形，一个“小单间”就建成了。

蜜蜂们继续重复以上的步骤，不停地增加“单间”数量，蜂巢就建造完成了。

有没有安静的、不用爬楼梯的、通风舒适的房子？
有！
第八站，他们来到土拨鼠的家，这里自带空调。
跟我来，这里不仅有天然空调，还很安静。

土拨鼠的家有两个出入口，一个高、一个低，这样能形成气压差。让洞外的风吹进洞里，形成“穿堂风”。这个家冬暖夏凉，十分舒适。
土拨鼠会派成员站岗，看到天敌，就会大叫报警。
这里有婴儿房。
这个房子除了晒不到阳光，其他方面都很好。
还有储藏室。
啊！怎么还有入侵者！
我猜是因为土拨鼠的家太好了，所以经常被坏人惦记！
这也太危险了！

看个房子差点儿把命搭进去！太不靠谱了！
放心，这次的房子绝对靠谱！绝对安全！
这座房子建在仙人掌中，能沐浴到满满的阳光。
它自带防御武器，让敌人望而却步，除非敌人有铠甲！

第九站，走鹃的家——一处安全系数超高的家。
哎哟！扎到脚了！好疼啊！
不行，不行。还没击退敌人，先把自己伤了！

第十站，他们来到了河狸的家。这是一栋工程量超大的豪华水景房！
咦？我们在哪儿？这里安全吗？
这是河狸建在水上的巢穴——河狸坝。房子的入户门建在水下，天敌很难侵入，非常安全。

这套水景房用树枝编成，中间通过填充泥沙来加固，非常结实。房子上面有透气孔，住着舒适又安心。

还可以玩跳水！咱们到里面参观一下吧。
算了，算了，回个家还要潜水。再说，这个房子一点儿也不防水！

河狸家的建造过程
河狸会收集树枝、石头作为建筑材料。
河狸将收集来的树枝、石头堆积在水道的下游，形成一道横跨河面的障碍物。
随着水坝的逐渐建成，河狸会不断加固和调整坝体，确保它能够承受水流的压力并且保持稳定。

第十一站，他们来到了南非织雀的家——一幢精致的空中别墅。
这个独栋小别墅怎么样？这回远离水面了，不用担心会被弄湿啦。
还是悬空的房子，好酷啊！涨潮也不怕！
这简直就是国王才能住的空中花园啊！
出入口
南非织雀的鸟巢离水面很远，而且出入口朝下，让天敌很难入侵。
注：南非织雀会利用水边生长的植物的茎来筑巢。

国王？
话音刚落，远处吹来了一阵大风。
啊啊啊！
于是，南非织雀的家也被卡拉嫌弃了。
这房子一点儿也不结实啊！住在这每天还要担心生命安全！

第十二站，他们来到了白蚁的家——一栋有几米高的超级别墅！
这个超级别墅就是传说中的白蚁丘！
哇，太震撼了！
这简直是平地起高楼啊！

地面部分相当于一个烟囱，保障屋内空气流通。白蚁居住的巢穴在地下。
白蚁充分利用每一寸空间，楼内设置了粮仓及育婴室等房间。
还有蚁后室，不可以打扰她产卵哦，否则她会生气的。
这里密密麻麻的，太乱了。

第十三站，他们来到了兔子的家——一处神奇的地下迷宫。
兔子家中的空间非常大，房间数量非常多，每个房间都用隧道相连接。
这么多条路，我的选择困难症要犯了。
好像探险一样！
洞穴里有很多“寝室”，还有紧急逃生口。

大家走出兔子家后，发现卡拉王子不见了。
看到卡拉了吗?
没有啊!
他不会迷路了吧?兔子家的出口实在太多了。
啊——
他不会被兔子咬了吧?!

大家循声赶来。
啊——
这是什么？
这是一个别人丢弃的二手贝壳房。

走吧，我们继续找新房子……
等一下！
这就是我要找的新房子！
不是吧？

原来卡拉需要的只是一个新的海螺壳。
它能满足我的所有要求：保暖、安全、时尚、坚固……
他什么时候说过这些要求呀？
可能是在咱们讨论金币的时候。
哦！对了，金币！
这是我自己找到的房子，所以不能给你们金币，不过……
好吃部落

为了感谢大家帮自己找房子，卡拉王子给好吃部落买了一台超级大风扇。
救命！我们不需要海风！
这样你们随时都能吹到海风了！

再来看看其他动物的有趣的家吧！

好吃部落迎来了一家热情友好的新住户。新住户的到来让大家陷入了悲喜交加的境地，这是怎么回事呢？请看下集《救命！又掉进洞里啦！》。

電子工業出版社
Publishing House of Electronics Industry
北京・BEIJING

图书在版编目（CIP）数据

黄洞洞超级懂：超有趣的科学探索之旅. 第二辑. 出发！开启“寻路”之旅：辨别方向 / 洋洋兔著、绘. 北京：电子工业出版社, 2024. 9. -- ISBN 978-7-121-48692-0

Ⅰ. N49；P2-49

中国国家版本馆CIP数据核字第2024Z18U88号

责任编辑：肖　雪　　季　萌
印　　刷：北京瑞禾彩色印刷有限公司
装　　订：北京瑞禾彩色印刷有限公司
出版发行：电子工业出版社
北京市海淀区万寿路173信箱　邮编：100036
开　　本：889×1194　1/16　　印张：16.5　　字数：139.5千字
版　　次：2024年9月第1版
印　　次：2025年2月第2次印刷
定　　价：138.00元（全6册）

凡所购买电子工业出版社图书有缺损问题，请向购买书店调换。若书店售缺，请与本社发行部联系，联系及邮购电话：（010）88254888，88258888。

质量投诉请发邮件至zlts@phei.com.cn，盗版侵权举报请发邮件至dbqq@phei.com.cn。

本书咨询联系方式：（010）88254161转1860，xiaox@phei.com.cn。

黄洞洞

勇敢、乐观、喜欢冒险的小奶酪。没有时间观念，所以总是迟到。

奶小白

好奇心很强，但胆子很小。长相乖巧，却是个摇滚乐迷。

卡卡

好吃班里的“智多星”，虽然样貌普通，但脑子聪明，总有数不清的主意。

小面

便携好用的智能机器人，耗电快且容易被摔坏。

里卡多

乐于助人的小汉堡，但总是帮倒忙。

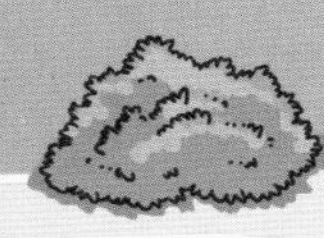

神树守护神

喜欢吃螺蛳粉的老神仙，八百年来一直默默守护着神树。

黄洞洞最近很苦恼，就连最喜欢的魔法课都没法让他打起精神来，因为今年的“那个比赛”就要开始了……

好吃部落每年都会举办走迷宫大赛。每次比赛，黄洞洞都会在榜单“第一名”的位置上找到自己的名字。但他并不高兴，因为是“倒数第一”。

不甘心的黄洞洞为了赢得今年的比赛，竟然冒险闯进了部落的禁地——古老的巨石阵。

在那些古老而又恐怖的石头上记载了很多奇奇怪怪的上古传闻。其中有一块石头上记载着：在遥远的北方，有一棵神树，只要吃了它的果实，就不会再迷路。
黄洞洞，这是真的吗？
当然了！我把内容都抄下来了，还有地图！

亲爱的难兄难弟们，你们还想继续屈居榜单的最后吗？
倒数第 1。
倒数第 2。
倒数第 3。
倒数第 4。
黄洞洞立马喊来同样是路痴、分不清东南西北的奶小白、卡卡和里卡多一起商量对策。
虽然大家都在嘲笑黄洞洞，但谁不想拥有识别方向的能力呢？
只要有你在，我们永远不会成为最后一名。

于是，他们组成了“路痴小分队”，赶紧出发了。
临行前，大法师送给他们每人一个装有通关法宝的锦囊。
你们只有在危急时刻才能打开它们。
好脏！
好旧！
1
2
3
4
你们可别小瞧这些破布袋，这里面装的可是最最最厉害的法宝！
知道了，大法师。

“路痴小分队”坐上了臭鞋快滴车出发了。
他们经过了爪爪丛林。

他们又翻过了橡皮山谷。
#
终于，他们到达了地图上的第一站——无限丛林。

地图上说，我们一直往北走，穿过丛林，就能到达下一站。
北
神树
翻滚草原
泡沫城
懒人海
烫脚沙漠
无限丛林
可是……北在哪啊？
管他呢，我们先往前走吧！
说的也是，咱们这么机智，还怕找不着北？

轻点儿，再轻点儿！
小伙伴们越过了鳄鱼池。
他们穿过了猴子窝。
微笑，保持微笑！

但很快，黄洞洞就发现了不对劲儿的地方。
等一下！这是我们来时做的标记！
这么说……我们又绕回来了？
完蛋了，咱们迷路了！
就在大家不知道怎么办的时候，奶小白想起了大法师给的布袋。他迫不及待地想看看里面是什么法宝。
1
1
2
3

嘭！
主人主人，我是智能机器人小面。
我有一个强大的知识库，能帮你们解决一切难题！
智能机器人？
耶！
太棒了，有了小面的帮助，大家好像又充满了力量。

小面小面，丛林里那么多树，我们该怎么寻找方向呢？
看树桩上的年轮。在我们生活的北半球年轮宽的一侧是南面，窄的一侧是北面。
耶！
南方
北方
南方
茂盛
稀疏
北方
小面小面，如果没有树桩，只有大树呢？
树叶茂盛的一面是南面，稀疏的一面是北面。
耶！

我们往叶子稀
疏的方向走。
“路痴小分队”又路过了一个蚂蚁窝。
小面小面，我们可以通
过蚂蚁窝辨别方向吗？
蚂蚁窝的洞口朝向南。
往洞口里面看，通道
的方向就是北面啦！
北

天渐渐黑了下来，“路痴小分队”还是没有走出丛林。这时，丛林里突然出现了奇怪的“哗哗”声。
什么声音？我有点儿害怕！
这里不会有怪兽吧？
糟了！巨石上还有一段话说我们如果在天黑前走不出丛林，就会有树叶怪出现，将我们永远关在丛林里。
哈哈哈，树叶怪是什么？这个预言太可笑了。
小汉堡……你后面……

刚才是谁在嘲笑我？
我要把你们永远关在
丛林里。
危险！
大家又使出大法师的独门
绝技——转身就跑。
2

几人飞跑出丛林，前面就是悬崖。他们顾不上害怕，纷纷一跃而起，跳下悬崖，落到了一望无际的沙漠上。树叶怪刚把头伸出丛林，就立刻散成了一堆树叶。

小伙伴们醒来时，发现自己正身处一望无际的沙漠，到处都是月牙形的沙丘。笼罩在黑夜下的沙漠十分荒凉，除了一轮明月和一片星空，什么都没有，耳边传来阵阵“沙沙”声。

一阵杂音过后，小面彻底关机了。

大家根据小面的描述，看着北极星，一路往北走。

注：在沙漠里辨别方向时，首先找到勺状的北斗七星，再找到北极星，面对北极星的方向就是正北方，所以我们背后的方向就是南方。当我们确定了南北方以后，我们的左右两边就可以确定东西方向了。

小伙伴们走了一夜，终于顺利地穿过了沙漠，来到了懒人海。
☆神树
北
翻滚草原
泡沫城
懒人海
烫脚沙漠
无限丛林
黄洞洞用召唤咒召唤来了罐头飞艇。

罐头飞艇在大海上飞速行驶，大家开心极了。
不一会儿，他们就发现在茫茫大海上根本找不到方向。他们无奈地瘫坐在船上，任由海浪把他们往未知的方向推。
没有了小面，真不知道该往哪里走了！
真希望海浪能自动把我们送往北方。
那可不一定，万一海水是在把我们往南边送呢？
这个是什么法宝？
指南针？
2
1

哇，这就是传说中的神器指南针啊！
传说它能永远指向正南方，反方向就是北方啦！
哈哈哈，还是我的法宝厉害吧！
里卡多高兴得合不拢嘴。一个浪打过来，啪！他手中的指南针掉到了海里！

……
里卡多！
我们要吃了你！
最后，还是奶小白找到了北极星，按照北极星的方位找到了北方。
跟着我走！

终于，小伙伴们坐着罐头飞艇，成功穿越了懒人海，来到了一座繁华的都市——泡沫城。
哇，这么多高楼。这里跟迷宫一样，我们该往哪里走呢？
哪里有好吃的，就往哪里走呗！

别怕，我这里有法宝！
3
你的法宝就是一张纸条？
张嘴问！

终于，黄洞洞鼓起勇气，在路边询问一位陌生的百洁布人。

按照路牌的指示，小伙伴们很快便走出了泡沫城。
这里，往那边走！

小伙伴们来到了城市的边缘。他们面前就是一望无际的“翻滚草原”。

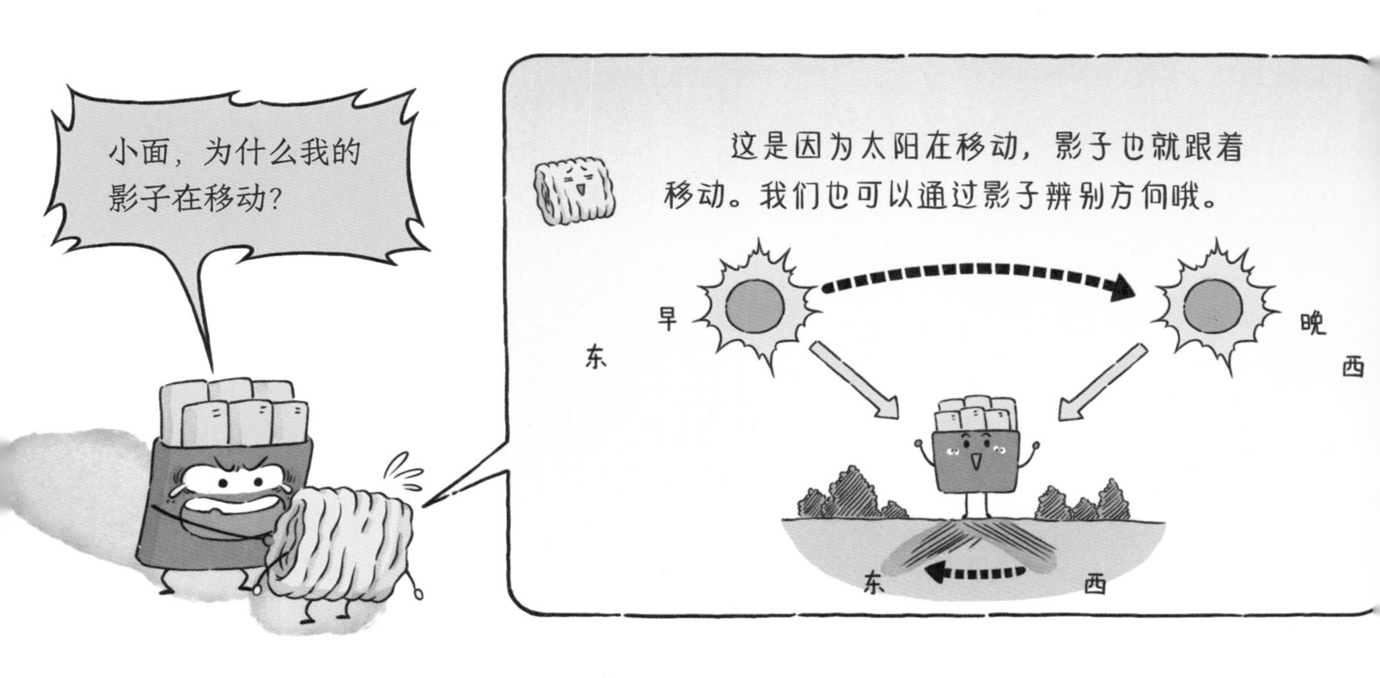
小面，为什么我的
影子在移动？
这是因为太阳在移动，影子也就跟着移动。我们也可以通过影子辨别方向哦。
早
晚
东
西
东
西

就在大家为找到了方向而高兴的时候……
哈哈，这么说我还是
一枚“指南针”啦？
嘿！

我们是嗜血大草人。你们闯入了我们的领地！
要想活命……要么每人留下一件礼物，要么留下一个队友。
救命！
谁都不想留下，于是，大家纷纷开始翻找礼物。
礼物，礼物！
把大法师的打火机送给他们吧！嘿嘿！

火！
他要放火！
恐怖的火！
太吓人了！
?
人人都有弱点，怪物也一样。如此凶恶的嗜血大草人居然怕小火苗，为此大家笑了一路。这时，小伙伴们突然发现，所有的道路都指向了同一个地方。

所有道路都指向了一个古老的村落，而村落的中心是一块陀螺形的巨岩。巨岩上面就是那棵长满神奇果子的神树了。
神树，我来啦！

他们穿过村落。
他们努力地爬上了巨岩。
就在马上要摘到果子的时候，他们被一个老者拦住了。
等等！

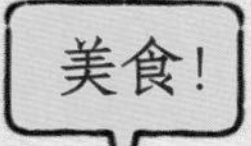

这太容易了，小伙伴们开始拼命地鼓掌。

守护神心满意足地拍了四下手。随后，树上掉下来四颗果子，真是太神奇了。
太棒啦！我们可以回去参赛啦！
多谢守护神！
注意！辨别道路的方向容易，选择人生的方向可没那么容易。

路途遥远，怎么回去呢？大家突然想起来，黄洞洞那里还剩下最后一个锦囊，但里面的东西似乎很大。拿出来一看，原来是……

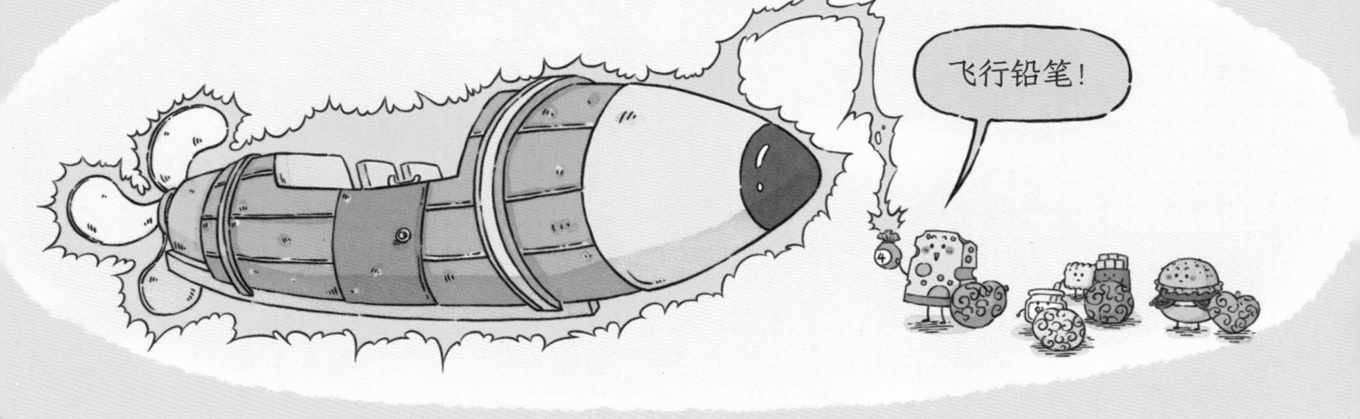

飞行铅笔！

终点是……
好吃部落。

速度开到最快，
时速 10000 千米，
出发！

等一下！黄洞洞你是
不是输错数字了？

——嗖！
原来，黄洞洞多输入了一个0。飞行铅笔根本停不下来，要绕好吃星球50圈，把能量消耗完才能停下来。
黄！洞！洞！
?

“路痴小分队”好不容易回到了好吃部落，却发现走迷宫大赛已经结束了。
没关系，起码你们会识别方向了呀！
不过，辨别方向和走迷宫是两码事，就算你们赶上了比赛，也许还会排名垫底哦。
你怎么不早说！

在不同场景辨别方向的方法

1. 丛林（以北半球为例）

①根据树木的年轮判断：年轮宽的一侧是南面，窄的一侧是北面。

②根据树叶的生长情况判断：大树通常朝南的一侧枝叶茂盛，树皮光滑，朝北的一侧树叶稀疏，树皮粗糙。

2. 城市（以北半球为例）

根据路牌颜色判断：多数情况下，东西方向的路牌底色为蓝色，南北方向的路牌底色为绿色。此方法适用于中国大陆地区的部分城市。

3. 草原（以北半球为例）

根据影子方位判断：在地上垂直竖立一根杆子，上午影子指向西北，下午影子指向东北，影子最短时是正中午，这时影子指向正北方。

4. 星空

首先找到勺子状的北斗七星，勺头对着的就是北极星，那里就是正北方。

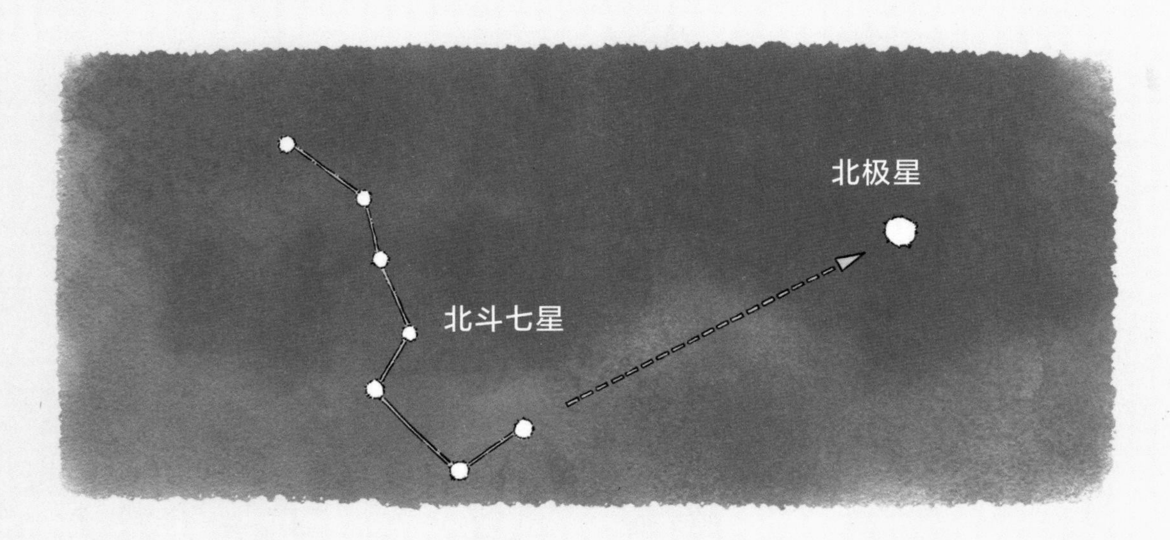

5. 手表定位

将手表时针指向太阳（即自己影子相反的方向），时针与 12 时刻度所呈夹角的平分线指向正南方。此方法适用于北半球北回归线以北地区。

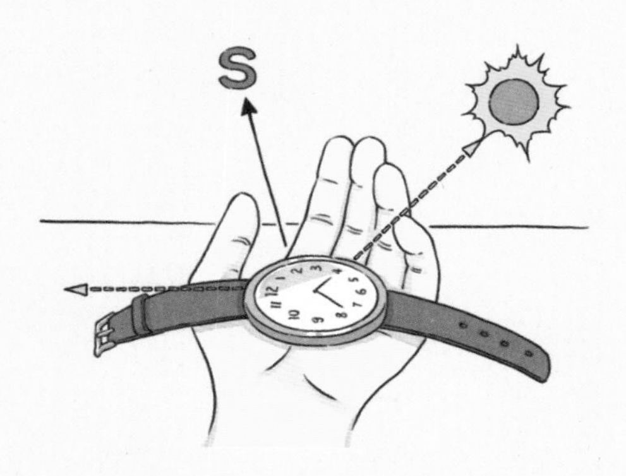

好吃部落附近新开了一个星星公园。听说公园里有超多超好玩的项目，黄洞洞一直想去，这次他又会遇到什么怪事呢？请看下集《糟糕！月亮掉下来啦！》。